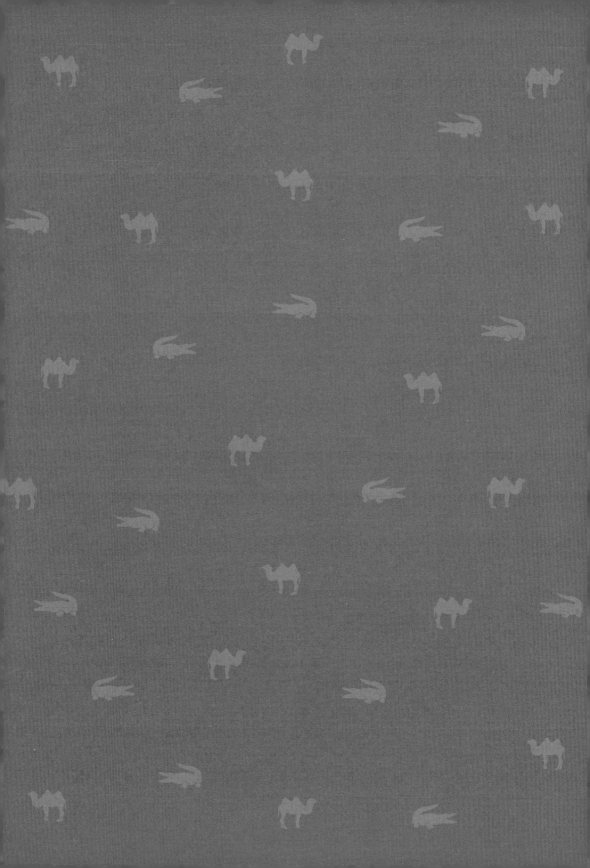

我的第一本
科学漫画书

沙漠与
丛林

儿童 百问百答 25

图书在版编目(CIP)数据

沙漠与丛林 / (韩) 河宗俊著 ; (韩) 吴守真绘 ;佟晓莉译.
-- 南昌：二十一世纪出版社, 2013.7（2019.2重印）
(我的第一本科学漫画书. 儿童百问百答)
ISBN 978-7-5391-8937-6-01

Ⅰ.①沙… Ⅱ.①河… ②吴… ③苟… Ⅲ.①沙漠–儿童读物
②森林–儿童读物 Ⅳ.①P941.73-49②S7-49

中国版本图书馆CIP数据核字(2013)第135952号

퀴즈! 과학상식 : 사막 정글
Copyright ⓒ 2011 by Glsongi
Simplified Chinese translation copyright ⓒ 2013 by 21st Century Publishing House
This Simplified Chinese translation copyright arranged with Glsongi Publishing Company
through Carrot Korea Agency, Seoul, KOREA
All rights reserved.

版权合同登记号 14-2011-636

我的第一本科学漫画书
儿童百问百答·沙漠与丛林　　[韩] 河宗俊 / 文　　[韩] 吴守真 / 图　　佟晓莉 / 译

责任编辑	屈报春
美术编辑	陈思达
出版发行	二十一世纪出版社
	（江西省南昌市子安路75号　330009）
	www.21cccc.com　cc21@163.net
出 版 人	刘凯军
承　印	南昌市印刷十二厂有限公司
开　本	720mm×960mm　1/16
印　张	12.75
版　次	2013年7月第1版
印　次	2019年2月第17次印刷
书　号	ISBN 978-7-5391-8937-6-01
定　价	30.00元

赣版权登字 –04-2013-59
版权所有·侵权必究
(凡购本社图书,如有缺页、倒页、脱页,由发行公司负责退换。服务热线:0791-86512056)

我的第一本科学漫画书

儿童百问百答 25

[韩] 河宗俊 / 文　[韩] 吴守真 / 图　佟晓莉 / 译

沙漠与丛林

我们周围的一切都是科学家们关心和研究的对象，然而到今天依然有许多自然现象没有答案，而逐步调查和研究未知谜团并给出解释的过程就是"科学"。

儿童百问百答系列书将难以理解的自然现象以轻松有趣的方式解释给孩子们，让孩子们慢慢熟悉晦涩难懂的科学知识。提出问题并给出透彻的讲解，通过这个过程循序渐进地诱发孩子们对科学的好奇心，这种做法无疑为孩子们打开了通往科学的大门，是良好的开始而非结束。

《儿童百问百答·沙漠与丛林》这本书既是一位优秀的"领路者"同时也是一位可信赖的"好朋友"，希望它能引领小朋友们进入科学的世界，享受科学知识带来的乐趣。

首尔大学地球科学教育系名誉教授 安熙秀

1957年，在韩国战争结束不久的艰难时期，我们学校来了一位生物老师，这位老师为我们播种了梦想与希望并组建了"生物班"，将我们引入神秘的动物世界。正因为这位恩师当年的引导，到如今我才一直过着如此有意义的人生。

希望小朋友们能通过此书开始关注动物世界的神秘现象，进而萌发出对动物学的热爱之心，怀着这样美好的憧憬我担任了此书的审订工作，同时我也期望你们记住一点，那就是在这个美丽的地球上，我们人类只有与动物们和谐共处才能更好地生存下去。

汉阳大学生物学系教授 朴恩镐

科学是认知世界的手段。远古时代的人类始终无法理解的许多自然现象，在如今的我们眼中不过是简单的基础知识，这就是科学的力量。假如没有历史上的那些科学家，恐怕现在的我们也会过着与原始人相类似的生活。科学源自人们想知道"为什么"的好奇心，因此，失去了好奇心，科学也就无法更好地发展。

正所谓"知识决定感知，感知决定见识"，平日无心错过的那些事物，稍加了解我们就会生出新的兴趣。

少年儿童比成年人的好奇心重，非常容易全神贯注于一种事物中。但假如他们所关注的对象比想象中的难，又很容易产生厌倦。为了使少年儿童培养新的兴趣、持续关注世界万物，我们构思了这套简单易懂、趣味横生的书。希望大家能够在关注两个捣蛋鬼——丁丁与喵喵身上发生的各种离奇事件的同时，变成科学常识丰富的少年。少年朋友们也可以以这些常识为跳板，向着更艰深的科学世界迈进。

二十一世纪出版社　编辑部

1. 干燥的沙漠

2. 层层叠叠的丛林

登场人物

丁 丁
充满好奇的小淘气包,滑头滑脑,吃东西特别贪心,经常被朋友取笑。

喵 喵
丁丁的死党,虽然有点爱耍小聪明,但同时也充满奇思妙想,学识渊博。

道 奇
因为想变成人类,所以开始了司令大人提议的冒险之旅,所到之处招惹出许多出人意料的荒唐事。

沙漠狐狸
一行人在沙漠里遇到的狐狸,聪明伶俐爱表现,身上隐约透着一股神秘感。

泰 山
一行人在丛林里偶遇的少年,与其外表大相径庭的是,泰山既不擅长攀援,做事也出人意料,经常让大家觉得荒唐。

1
干燥的
沙漠

什么是沙漠？

我越来越喜欢地球了。

什么？

我让你来征服地球，你在这胡说什么呢？

我也不知道怎么就那样了，司令大人。

嗯……

这可怎么办啊……

反正我想变成人类住在地球上。

什……什么？

这下麻烦大了！

冷静！这事儿可得好好想想……

司令大人，你看这样如何……

好吧！不过有一个条件！

哦？什么……

去冒险吧！如果冒险结束时你还喜欢地球，那么我就帮助你达成心愿。

真的？那我要去哪儿冒险呀？

先去沙漠吧！

沙漠？什么是沙漠？

口口声声要住在地球上的家伙居然连沙漠都不知道……

沙漠就是寸草不生，年降雨量不足250毫米的异常干燥地带！

是这样呀,那我跟朋友们一起去可以吗?

随你便好了!

对了,可不许使用超能力哟!

遵命!那我这就去准备啦。

瞧他那高兴样儿……

司令大人别担心啦。

那小子肯定过不了多久就会放弃,再回到我们身边的。

但愿如此吧……

道奇干吗呢?

打包呢!要去沙漠咯。

就你自己去吗?

等下就知道了!

搞什么嘛！这是哪儿呀？

干吗带我们到这里来？

怕你们无聊呗！嘿嘿！

谁同意你这么做来着？！

哎哟！企鹅，你也来啦！

哎呀！失误！

这是哪儿呀？快开空调！

沙漠

● 干燥的沙漠 ●

沙漠是降雨量低于蒸发量的干燥地带，几乎寸草不生。沙漠分为寒冷沙漠(中纬度沙漠)和炎热干燥沙漠(热带沙漠)，占地球整体陆地面积十分之一。沙漠是指年平均降水量不足250毫米的地带，其中年平均降水量不足50毫米的地带称为"极干燥气候地带"。

沙漠的沙子是如何形成的？

那小子究竟为啥高兴成那样啊？
真是又热又累啊……
一望无际的沙漠啊。
踉踉
跄跄
这么多的沙子究竟是怎么形成的呢？
都是人们挖好再运过来的吗？
不是，都是石头粉碎后产生的。
你是谁？
我？我是沙漠狐狸啊！

沙漠中的岩石因为狂风暴雨以及昼夜较大的温差等原因最后粉碎成沙子。

狂风暴雨让石头产生裂缝，水再渗进岩石裂缝里。

夜间气温骤降，随着水结成冰，岩石被粉碎。

白天岩石中的矿物质膨胀。

夜间矿物质因冷空气侵袭而收缩，岩石被粉碎。

大部分沙漠岩石因为风力粉碎得非常缓慢，先是岩石变成石头，石头变成碎石，然后碎石再变成……

●干燥的沙漠●

沙漠的岩石因受狂风暴雨以及昼夜温差等因素影响碎成沙子,尤其是撒哈拉沙漠的岩石粉碎得非常彻底,那里的岩石由不同性质的矿物质组成,每种矿物质膨胀系数不同,因此更容易被粉碎。阿拉伯鲁卡哈利沙漠是所有纯沙沙漠中最大的沙漠。

白雪皑皑的南极也是沙漠？

企鹅,你没事儿吧?

怎么说俺也出生沙漠呀,虽然是有点不一样的沙漠……

什么? 你不是从南极来的吗?

没错! 可是南极也是沙漠呀!

什么?

你这话是什么意思?

一提起沙漠,大部分人都会联想到毒辣辣的太阳和一望无际的沙丘,

可是沙漠却分为岩石沙漠、碎石沙漠、白雪沙漠等等。

白雪皑皑的南极几乎从不下雨,因为干燥所以也叫沙漠。

原来如此啊!

＊注：“RAIN”是韩国人气明星。

●地球上最寒冷的沙漠●

白雪覆盖的南极也称为冰冻沙漠或寒冷沙漠，寒冷沙漠是指年平均降水量不足 125 毫米的地带，南极和格陵兰等地就属于寒冷沙漠。因为南极极度寒冷，植物难以生存，年平均降水量仅有 50 毫米左右，是比撒哈拉沙漠更干燥的极干燥气候地带，北极年平均降水量也不足 100 毫米。

沙漠里的沙丘有多高?

企鹅,你没事儿吧?

嗯!挺舒服的。

哼,坐在骆驼背上不舒服才怪呢!

可是,我们一定要翻过那边的沙丘吗?

什么沙丘那么高啊?!

不走了!我再也走不动了!

一步也动不了了!

不就那么点高嘛,你至于吗?

很多沙丘都比那个高呢!算啥呀!

沙漠

●因风力作用形成的沙丘●

沙丘是指在海边或沙漠中，沙子被风吹动堆积形成丘陵状。沙丘的大小和形状多种多样，位于南非的纳米布沙漠有世界最高的沙丘，尤其值得一提的是苏丝斯黎 (Sossusvlei) 沙漠，那里云集了众多高达 100~400 米的沙丘，每逢日出日落时分，亦真亦幻的景色美不胜收。

在沙漠里凭地图也找不到路？

哎哟,这一望无垠的沙漠啊,究竟要旅行到啥时候呀?!

好像有点不对劲儿……

什么?

周围有点不一样了,好像有什么总变来变去的。

因为沙丘在移动嘛。

沙丘在移动？这话是什么意思？

就是沙丘受风力作用移动呗!

就像这样!

噢嗒

●移动的沙丘●

沙丘在每秒10米的风力作用下就会移动，根据风向沙丘的方向也会随之改变，并呈现出千姿百态的形态。受风力影响，沙漠的形状经常发生变化，因此在沙漠中地图是派不上用场的，所以去沙漠旅行时千万不要忘记随身携带指南针哟。

干燥的沙漠

沙漠绿洲是怎样形成的？

哎哟,渴死了!

暴晒

火辣辣

给我点水吧!

企鹅,你怎么能自己全都喝光呢?!

咕嘟

对……对不起!

喂!

这下水也见底儿了,以后可怎么办哪?

没水很糟糕吗?

当然了!

再走一会就会有绿洲的!

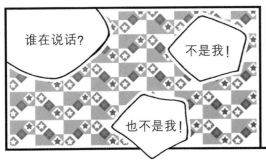

谁在说话?

不是我!

也不是我!

我呀,是我!

那不是吗?!
在那里!

哇,真的是
绿洲耶!

真是亲切的蝎子
啊,谢谢啦!

等等,世界上
哪儿有免费
的午餐?

?

要是你们不付
出代价就走的
话……

所有人都要挨
我的毒针……

沙漠

● 生命之泉——绿洲 ●

一般来说,一提起"绿洲"这个词,人们就会联想到沙漠中低矮的小水洼,冒出地下水后形成储水的小泉眼。然而在所有沙漠绿洲中,也有一些永不干涸的大河,以及下雨后产生的水坑,形态可谓多种多样。绿洲周围也会形成村庄,骆驼队(商人或朝圣者结伴组成的队伍)路过时常常在此歇脚。

沙漠中有蘑菇状岩石吗？

哎哟，眼睛也睁不开，气也不敢喘，骆驼君，你没事儿吧？

俺的眼睫毛很长，鼻孔也能合上，没事儿！

沙尘暴很厉害吧？大型沙尘暴还能改变岩石形状呢。

真的？

听说还有被风削成蘑菇形状的岩石呢。

不可能！风再强也不过是风吗，哪会有那样的岩石？

你正靠着的不就是蘑菇岩石吗！

什么？蘑菇岩石？那这个可以吃吗？

谁来过啦？

伙伴们，那，那不是蓝精灵吗？

你晒昏头啦？

好像看错了。

·形状像蘑菇的岩石·

沙漠的风夹杂着大量沙子，卷起又落下，不知不觉之间改变着岩石的形状。被狂风吹起的沙子，因为重量的原因没办法飞到一米以上，所以在撞击大块岩石底部之后又落下来，然后再撞击再落下来，如此反反复复，岩石底部的一部分最终被风沙削掉，只剩上半部，渐渐变成蘑菇形状。

幽灵雨是怎么回事？

沙漠里也下雨呀。

你不是才知道这个吧？

哇！下雨喽！

可是衣服怎么都没湿呢？真是奇怪。

现在是在下雨，没错吧？

是下雨呢，可是还没等落到身体上雨水就消失了，这就是所谓的"幽灵雨"啊。

沙漠又干又热，所以雨滴在降落过程中很快就消失在空气中了。

原来如此！

哇，太神奇了！

幽灵雨……

沙漠

●消失在空气中的雨●

所谓"幽灵雨",是指虽然可以看见云朵下面在下雨,却连一滴雨都没降落到地面上,而是直接消失在空气中的雨。这是由于沙漠里空气过于燥热,雨水瞬间蒸发而引起的自然现象。沙漠里下雨的季节称为雨季,不下雨的季节称为旱季,年平均降水量大多指雨季所降之雨。

干燥的沙漠

什么是海市蜃楼？

途经沙漠的旅人真是不少呀。

是啊……

妈呀！

骷……骷髅！

天哪！

啊！

看来那小子又看花眼了。

我看，不等你变成人，那小子就变成傻子了。

至少不可能更糟糕了,不是吗？

说的也是……

是绿洲耶！

那小子要去哪儿？

看来中暑中得不轻啊。

看来俺真是看花眼了，呜呜……

丁丁呀，你没事儿吧？

可是我明明看见绿洲了呀。

看来你是看见海市蜃楼啦。

海市蜃楼？

海市蜃楼就是指因为光线折射，空气中出现了虚幻的场景的意思。

冷空气

空气温度根据高度而有所不同，接近地面的空气温度高于上面的空气，当光线照射下来接触地面发生折射时就会产生海市蜃楼的现象。

光的折射

热空气

恍然大悟

就是说是因为光的折射而产生的自然现象喽？

没错！

● 由于光的折射而形成的海市蜃楼 ●

光从一种介质射入另一种介质时，光线在不同介质交界处会发生偏折，这种现象称为光的折射。即使同一片空气，根据温度和湿度也分为不同的空气层，也同样会发生光的折射。沙漠中的海市蜃楼现象，就是因为光的折射而产生的错觉现象，明明远在天边的树木却好像近在咫尺，天空的一角仿佛地面上的水一般栩栩如生。

沙漠的白天与黑夜有什么不同？

白天热得就像要活活烤死俺们，晚上又想活活冻死俺们！

你晒昏头啦？

因为沙漠里几乎不存在可以遮挡阳光的云朵或植物，因此白天气温升高，一般可超过 40℃，

到了晚上，沙漠里也没有云朵或植物储存白天接收的热量，因此热量散发很快，导致气温骤降。

正因如此，昼夜温差才高达 30~40℃。

沙漠

● 热辣辣的白天 VS 冷飕飕的黑夜 ●

沙漠高温干燥,无法形成云,因此白天太阳的热量全部渗到地面上,导致气温越升越高,到了晚上,沙漠里也没有云朵或植物储存白天接受的热量,存留的热气又瞬间散发到空中,致使温度骤降。一天内最高温度与最低温度之差称为日较差。

沙漠神奇的地形

让我们来了解一下沙漠因为气象现象而产生的神奇地形吧！
以气候为首的自然要素,在沙漠中"创作"了许多令人惊讶万分的作品呢！

为什么沙漠地形很容易发生变化呢？这是因为沙漠中很少有植物生长的缘故。植物的根能固定沙土。

美国纪念碑谷(Monument Valley)

美国纪念碑谷在西部电影中经常作为大背景隆重登场,300米高的红色砂岩直冲云霄,历经五千万年的岁月长河,在风、雨、气温等大自然力量的征服下,高原的表面被逐渐修剪成现在的模样。

澳大利亚艾尔斯巨石(Uluru)

砂岩 * 成分的艾尔斯巨石高330米,基围周长约8.8千米,根据推测是几亿年前因地壳变动及侵蚀作用而形成,是世界上最大的岩石。虽然最初以澳大利亚首任总理亨利·艾尔斯(Henry Ayers)的名字将这座石山命名为"艾尔斯石"(Ayers Rock),但当地土著人称这座石山为"乌卢鲁"(Uluru),意思是"见面集会的地方"。

据说含铁量很高,所以呈现红色哟。

* 砂岩:砂岩主要由砂砾胶结而成,结构稳定,具有坚硬岩石的性质。

美国大峡谷(Grand Canyon)

位于美国亚利桑那州的大峡谷（险峻高耸的山谷）长350千米(小科罗拉多河汇流处至米德湖)，最深处约1.6千米。科罗拉多河流经之处,平坦的高原部分土地向上凸起形成峡谷。这里生存着各种各样的动植物,有着举世闻名的自然奇观。

其他神奇的岩石和地形

蘑菇石:沙尘暴侵蚀岩石底部。

拱形洞口:水和风的力量,将岩石钻出大洞。

洼地:几乎已经干涸的河流,只有雨季来临才有河水流过。

● 阿拉伯语中,岩石沙漠称为"hammada",砾石沙漠称为"reg",纯沙沙漠称为"erg"。

沙漠风景经过漫长的岁月变迁,有的是因为地壳运动形成的,有的是被狂风暴雨洗刷形成的。

沙漠里住着什么人？

没错，就是指在沙漠里活动的人。

是这样啊。

可是，您为什么要遮挡住脸部呢？

这是传统服饰呀，为了遮挡风沙嘛。

哦，知道了……

可是大叔的眼睛真的好小哟！

嘿嘿嘿

哈哈！

您还送给我们水和粮食，真是太谢谢您啦，那我们这就出发啦。

是！

好的,路上小心哟！

地球人真是太亲切了,不晓得是不是因为这个原因,我觉得大叔一点都不陌生呢。

就像你一样是小眼睛？

哈哈哈哈

什么？

话说回来，俺眼睛有那么小吗？

好险！差点儿就被认出来了。

您怎么能帮助道奇呢？

我也不知道怎么就……

难道您真的想让道奇变成人类？

才不是呢！

居住在沙漠里的游牧民

沙漠

游牧民是指为了饲养牲畜而寻找水源、青草和粮食之地，因而居住在干燥地带的草原或半沙漠地带的居民。图阿雷格族(Tuareg)就是居住在撒哈拉沙漠，以饲养山羊和羊为生的游牧民，布希曼族(Bushmen，也称作SAN)大约从三万年前开始就居住在卡拉哈里沙漠(Kalahari Desert)，据说从古至今几乎都不穿什么衣服。

有食蚁族存在吗?

咦?谁把大家的粮食都吃光了?

丁丁,你这家伙!

那么多你竟然全都吃光了……接下来可怎么办呢?

吃蚂蚁呗。

什么?

澳大利亚沙漠一开花,蜜罐蚁就卯足了劲儿吸取花蜜,有的直接把花蜜储存在身体里,变成活生生的"蜜罐",澳大利亚原住民就喜欢吃这样的蚂蚁呢。

吃蚂蚁?

好嘞!那我也抓个蚂蚁尝尝鲜儿!

闭嘴!

哇,是蚂蚁耶!

不如我先尝尝?

●原住民的食物●

澳大利亚沙漠中居住的土著居民叫做 Aborigine，他们靠捕猎野生动物，采集昆虫、植物等为生。蜥蜴、蚂蚁及幼虫是土著居民的"主食"，据说蜥蜴主要烤熟了吃，蚂蚁和幼虫则直接生吃。

在沙漠里为什么
用土盖房子？

哇，是村庄耶！

还有宽阔
的绿洲！

企鹅，这次
好像可以扎
猛子啦。

这里怎么全都
是土坯房呀？

外表虽然有
些破旧，却
很结实耐
用，里面还
很凉爽呢。

真的？

那不如我也
盖一座土坯
房住住？

就凭你？

吹牛！

当当！请看
这就是我的
作品！

惊喜

哇，真不
赖呀！

没想到丁丁
还有这本事
啊……

今天就住
这里啦！

好啊！

噗啊
噗啊

骆驼君，你
干吗呢？

哎呀！房子
不见了！

沙漠

•沙漠里的土坯房•

泥土是最优良的建筑材料之一，具有物美价廉的优点。泥土在沙漠中唾手可得，用厚厚的泥土砌墙盖房，那么无论沙漠外面多热，屋里都非常凉爽；反之亦然，无论外面多冷，屋里都暖烘烘的。

沙漠里的居民

居住在沙漠中的人们,沙漠占陆地面积十分之一,好多人都住在里面。下面,就让我们来了解一下沙漠里究竟住着哪些人吧。

> 居住在不同的沙漠,人们的生活方式以及习惯也有所不同,首先让我们了解一下居住在撒哈拉沙漠里的图阿雷格族吧!

撒哈拉沙漠里的图阿雷格族

"图阿雷格"(Tuareg)的意思就是"蒙着面纱的民族",因该族成年男子和女子要在陌生人面前佩戴蓝紫色面纱而得名。传统上的图阿雷格族是身份既定的封建社会,以母亲为中心构成家族,重要权力也归属母亲一方,是一个母系社会的民族。夏天用椰子树树叶遮盖屋顶,冬天住在用骆驼皮制作的帐篷里面。

阿拉伯沙漠里的贝都因人(Bedouin)

阿拉伯语"Bedouin"一词的意思是"海上的居民",贝都因人寻找适合饲养牲畜的水草之地,在沙漠里过着游牧生活。从传统上讲,贝都因人根据饲养的动物决定身份的贵贱,饲养骆驼的人身份最高,饲养羊的人次之,饲养牛的人身份最低。

戈壁沙漠里的蒙古族

以饲养骆驼、羊等牲畜为生的游牧民族蒙古族,自古以来就骁勇善骑。他们把羊毛织成布,再制作成帐篷,称为"蒙古包"(Mongol ger)。因为蒙古包冬暖夏凉,又容易拆分组合,因此非常适合蒙古族的游牧生活。

卡拉哈里沙漠里的桑人

相对于桑人(SAN),这个称呼,布希曼(Bushmen)的叫法更加广为流传,据传大约三万年前,他们就开始居住在卡拉哈里沙漠。"布希曼"是很久以前占领南美的统治者冠以的名称,带有种族歧视的意味。布希曼人几乎衣不蔽体,很早就适应了沙漠生活,女子采摘果实或捡拾植物根茎,男子狩猎。

澳大利亚土著人(Aborigine)

自从 1770 年澳大利亚沦为英国殖民地,领土被抢夺之后,澳大利亚土著人就开始存在了。土著男子使用猎枪和飞镖狩猎,女子则采集植物或渔猎,此外他们还从幼虫和白蚁中摄取营养。

沙漠里的植物如何存活？

想不到沙漠里竟然有这么高大的树！

这就是猴面包树呀！它的树干能储存雨水，即使水分不足也能安然无恙地活下去。

沙漠植物利用叶片、树干、根部储存水分，用各自独特的方式求生。

沙漠植物啊，你们真是太了不起啦！

那我也不能干闲着呀！

嘿嘿

你要干吗？

●沙漠植物的生存法●

能够适应沙漠或半沙漠高温干燥的环境并且可以存活的植物称为沙漠植物,沙漠植物利用叶片、茎、根部等储藏水分,为了避免让干燥的沙漠之风夺走水分,沙漠植物的表面一般都比较坚硬,具有代表性的沙漠植物有仙人掌、猴面包树、沙漠玫瑰、骆驼刺等。

沙漠里有哪些珍稀植物？

啊！

据说仙人掌主要生长在北美大陆沙漠……

火辣辣

这里就是那里吗？

好像有什么不对劲儿……

哎呀,怎么像要……

喵喵,你在那儿干吗呀?

这个植物好像快要死了呢。

又不是快死了,它本来就长那样儿。

咦? 又是你呀!

那是非洲纳米布沙漠里的千岁兰,叶片可以长到3米呢,通过叶片上凝结的雾气和露珠摄取水分。

这种牧豆树的生命力最顽强了,它的根部能延伸到地下30米的地方吸取地下水呢。

要不拔一下试试?

哇,一动不动耶!

还有胖乎乎的仙人掌,肥厚的茎也能储藏水分。

在所有仙人掌里，萨瓜罗(Saguaro)的个头最大了！一株成熟的萨瓜罗仙人掌有12米高呢！

可是怎么都觉得好奇怪！不对劲儿！

哪儿不对劲儿了？难道仙人掌烂了不成？

不是那个意思，我是奇怪为什么北美大陆沙漠的仙人掌，和非洲纳米布沙漠的千岁兰植物都凑到一块儿了？

好奇怪！

这么一听的确有点奇怪哦。

大家在这么热的地方是不是待太久啦？

不觉得口渴吗？

·生长在沙漠里的植物·

美国西南部沙漠里生长的墨西哥刺木(Ocotillo)在久旱无雨的条件下，叶子会自然脱落阻止水分蒸发，而雨水充足时又会长出新叶。仙人掌的刺原本也是叶子，但是为了防止水分通过叶片蒸发，叶子才变成尖细的刺，同时刺也有利于阻止动物吃掉仙人掌。

沙漠里如何获取水？

沙漠狐狸呀，仙人掌全都卖光了吗？

当然啦！不知道多受欢迎呢！

呼味

呼味 呼味

嗒嗒

哎哟，渴死我了！那从哪儿找水喝呀？

所以说我让你买时就该买才是！

我们不是没有钱嘛！

没钱的话……

那不如试试这个方法怎么样？

啊？

好啦,大家都过来一下!

啥事儿?

沙漠狐狸要教给咱们沙漠里取水的办法!

从植物里取水是最简单的办法了,还有就是……

只要有吸管也可以取水哟。

缺点是得多费点时间……

就像这样,先挖一个坑,把吸管插进去,再把坑口填死。

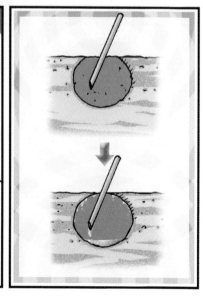

干燥的沙漠

稍等片刻,水就一点点聚到吸管顶端了。

然后再像这样吸就可以了。

不一会儿……

要不要吸一口?

真的有水吗?

吸一下不就知道了吗?

哇,真的有水耶!

真的?

我也要吸一口试试!

喂!你们没吸管了吗?多插几根不是就不用担心喝不着水了吗?

哇,真的是水耶。

好神奇哟。

好吧,就用这个结束我们之间的交易吧。

交易?

好啊!

沙漠

●沙漠里取水●

在沙漠里获取水的最简单的方法就是从植物中获取水,但是如果找不到植物,就要等到夜里采集露珠了。具体方法是先把沙漠岩石或小石块上凝结的露珠浸到手绢上,再把手绢里的露水拧出来,这也是获取水的方法之一。据说澳大利亚沙漠里的土著居民抓住青蛙后,用手紧拧青蛙的身体,也通过这种方式取水。

沙漠里也有花吗？

嗯！

哇噻，真是大暴雨啊！

沙漠里一般都下这么大的雨呀。

呀！好冷啊

雨停了。

睡眼惺忪

喂，伙伴们！快起来看哪！

怎么啦？

哇，沙漠里竟然也有这么美的花儿呀！

哇

·沙漠里的花·

沙漠里大部分植物，长期处于不降雨的干季，此时都是以种子的状态存活着。等到雨季下暴雨时，种子迅速发芽开花，然后再孕育种子，因此一到雨季，沙漠里也能看见盛开的野花。

干燥的沙漠

沙漠狐狸如何降温？

你这是在晒日光浴吗？不热呀？

嗨，这种程度没问题啦！

因为俺的耳朵能帮助散热。

可是你的毛那么多，光是看着就觉得热死了……

是吗？看着感觉怎么样俺倒不清楚，不过俺真的不热哟，反而俺的毛还能阻挡光晒呢。

是吗？那你脱一下试试。

什么？

快脱呀。

不脱！

脱？脱什么？

就是让你脱一下嘛！

脱一下试试嘛！

·沙漠狐狸的避暑之法·

在沙漠里生活的狐狸称为"沙漠狐狸"或"耳廓狐"(Fennec Fox)，是狐类中体形最小的夜行狐，具有挖掘地洞的本领，白天总是躲在洞穴里。沙漠狐狸长着一对超大的耳朵，像散热板一样，可以将体内多余的热量迅速散发出去，达到调节体温的目的。此外，美洲野兔也通过大耳朵降体温。

沙漠里有哪些动物？

蹦蹦

跳跳

那不是澳洲伞蜥吗？

？

好像在跳舞耶！

它不是在跳舞，是因为沙子太热所以才那样的！

就好像在做体操，对吧？

哟，又是你呀。

原来如此！

你当时干吗只留下皮毛逃跑了？

啊，那个吗？

那是绝密所以不能告诉你哟。

什么意思嘛?!

沙漠里除了你和澳洲伞蜥，难道就没有别的动物了吗？

怎么会没有呢，不过你问这个干吗？

因为光看你一个都看烦了嘛。

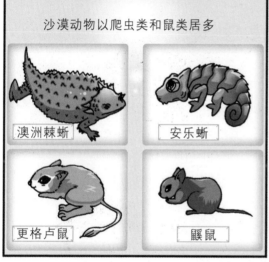

沙漠动物以爬虫类和鼠类居多

澳洲棘蜥

安乐蜥

更格卢鼠

躞鼠

沙漠地鼠龟

据说龟壳下面的水袋能储存0.5升的水。

牛蛙在凉爽的洞穴里能连续睡9个月呢。

牛蛙

还有卡拉哈里沙漠里的鸵鸟，即使面对沙漠沙尘暴也面不改色呢。因为鸵鸟脖子很长，能呼吸到沙漠风暴之上的新鲜空气。

原来鸵鸟也生活在沙漠里呀。

真羡慕鸵鸟的大高个儿！

沙漠

·生活在沙漠里的动物·

沙漠动物以爬虫类和鼠类居多，比如沙蜥、地松鼠等，此外还有携带剧毒的响尾蛇、蝎子、毒蜥蜴等动物。沙漠里最广为人知的动物是骆驼。骆驼在不喝水的情况下能坚持多日，另外驼峰内储存大量脂肪，即使连续几周不进食也能活下去。

沙漠之友——骆驼

骆驼是最适应沙漠气候的动物,也是沙漠里最有用的动物,下面就让我们来具体了解一下骆驼吧!

我们生活在非洲和亚洲。

骆驼分单峰骆驼和双峰骆驼。

单峰骆驼

双峰骆驼适合生活在寒带,而单峰骆驼则适合生活在热带,两者身体构造均具有适应地域特征的调节功能。

我们生活在戈壁沙漠,厚实的驼毛能有效抵御严寒哟。

双峰骆驼

为沙漠而生的骆驼!

在有充分食物的地方,骆驼即使几个月不喝水也能存活,而在断绝食物的条件下,骆驼能坚持一周不喝水,而这都要归功于骆驼背上的驼峰。骆驼的驼峰可以储存大量脂肪,在缺乏食物和水的情况下,驼峰内的脂肪就会被分解成所需的营养和水分。此外,为了节约体内的水分,骆驼的粪便非常干燥,尿液也只含少量水分。据说有些地方在没有柴火的时候,也把干骆驼粪当柴禾使用。

随心所欲的鼻孔
当风沙肆虐时，
鼻孔可以闭上以
阻止风沙进入。

长长的睫毛
可以阻挡沙尘
进入眼睛。

巨大的驼峰
在食物匮乏时，驼峰
内的脂肪就会被分
解成营养和水分，如
果饿很长时间，驼峰
就会变得干瘦。

结实的牙齿
连长满尖刺的
沙漠植物也能
嚼碎呢。

厚厚的驼毛
正因为有厚厚的
驼毛，骆驼才能
有效地防止炎热
并抵御严寒。

浅色驼毛
浅色的驼毛会反
射更多的光。

嘿嘿，这算
什么呀……

长腿
距离地面有一段
距离，可以躲避
地面的热气。

扁平的脚掌
骆驼脚又大又扁，接
触地面的面积大，因
此压强小，走在柔软
的沙子上就不容易
陷进沙子里。

骆驼先
生,你果
然最棒!

有在沙漠里举行的汽车拉力赛吗？

滴滴

什么？

咳咳咳

叭叭

咳嗽

又刮沙尘暴了吗？

好像不是哟……

叭叭

那不是汽车吗？他们在干吗呀？

好像是汽车拉力赛！

嗖

哎哟

什么汽车拉力赛在沙漠里举行啊？

人类真是太奇怪了！现在居然还在沙漠里玩汽车拉力赛？

就是嘛！

沙漠

●在沙漠里举行的汽车拉力赛●

区别于普通公路,在沙漠、丛林或山区等险要地形举行的汽车比赛称为"拉力赛",每年一月份举行的横穿撒哈拉沙漠的巴黎达喀尔拉力赛 (The Paris Dakar Rally) 最为著名。1983年众多参赛者在沙尘暴中迷失方向后被救出,1986年又有观众死亡,因此该赛事也被称为"死亡拉力"。

干燥的沙漠　**77**

世界上最大的沙漠是什么沙漠？

我?

这是什么呀？

这是吗？

这难道就是世界上最大的沙漠？

什么？

我在问这是不是世界上最大的沙漠？

依我看没错呀，真的好大哟！

是吗？那你说这个沙漠叫什么名字？

在看什么呢？

名字嘛，我们当然没法儿知道啦！不是吗？

嗖

这家伙在看什么呢，那么出神？

哇

·最大的撒哈拉沙漠·

撒哈拉沙漠位于非洲北部,是世界上最大的沙漠,总面积约为860万平方千米,约占世界沙漠面积的26%,跨越10个国家之多。撒哈拉沙漠幅员辽阔,沙质沙漠、碎石沙漠及岩石沙漠等共存于此。气候条件极其恶劣,是地球上最不适合生物生长的地方之一。

从沙漠里能获取盐吗?

你是要累死人不偿命吗？这么多盐俺怎么可能驮得动?!

是不是真的装太多了？

俺从今天开始罢工！

丁,你到底想干吗？

对不起啊,骆驼先生！

不好意思……

沙漠

●乌尤尼盐原●

从前沙漠曾是海洋，所以沙漠里很多地方的湖水都是咸的,而有些沙漠的盐像沙子一样堆积起来,成为盐原盐沙漠,南美洲的乌尤尼盐原正是布满盐地的盐沙漠。作为世界最大的盐沙漠,乌尤尼盐原也被称为乌尤尼盐湖,风光旖旎,是闻名退迩的旅游胜地。

沙漠里埋藏着宝藏吗？

丁丁呀！你到底还是把那些盐都背回来啦？

当然啰，不是能卖钱吗？

用这些盐不是能换我想要的东西吗？

哇，丁丁你好厉害哟！

可是沙漠里还有比盐更值钱的宝贝呢，那可怎么办哪，丁丁？

什么？

不就是沙漠吗，还能有啥宝贝？

有宝藏哟！

什么？

瞎掰什么呀，你？

砰！

哎哟！

我说的是真的！

千真万确，信不信由你！听说沙漠里真的有金银珠宝！

这是真的吗？

可是沙漠里怎么会有宝藏呢？

因为沙漠里几乎从不下雨，也就不会发生其他地方的情况，也就是说雨滴不会把矿物质带到别的地方，所以矿物质可以长久地储存在同一个地点。

原来如此！

所以沙漠里,像铀啊,铜啊,天然气什么的简直应有尽有!

嗯,也就是说,沙漠里肯定有宝藏的意思喽?

可是宝藏在哪儿我们却不知道……

就是嘛。

甭吵啦,挖一下不就知道了!

挖一下试试,看看能挖到什么呗!

看他那股鲁莽劲儿,好像知道能挖出什么似的!

丁丁呀!

当啷

哇,是钻石!真的有宝藏耶!

丁丁啊,醒醒吧你!那是石头好不好!

呃,丁丁是不是变傻了啊?

天哪!

这家伙好像中暑了。

我的钻石啊……

丁丁,快醒醒啊!

丁丁这是怎么啦?

哪来什么钻石……

沙漠

●沙漠地下资源●

沙漠里埋藏着丰富的地下资源,卡拉哈里沙漠有巨大的钻石矿山,撒哈利沙漠有巨大的铀矿脉,智利阿塔卡马沙漠有铜矿山,阿拉伯、伊朗、撒哈拉沙漠还埋藏着石油和天然气,此外其他干燥地带还埋藏着金、银、铁、盐等。

什么是黑黄金？

伙伴们！

是我！丁丁！

哎哟，妈呀！

谁啊？

你是谁？

你的脸怎么啦？

我想接露水喝，就在地上挖了个洞，结果就变成这样了！

好奇怪哦，黑水一样的东西呼呼往外冒！

黑水？是不是石油啊？

石油？

没错！就是被称为沙漠黑黄金的石油啊！

噢！太棒了！这下可好了！

在哪儿？一起去看看吧！

可是企鹅怎么不见了？

刚才跟我一起去挖洞来着……

哎哟

●黑黄金——石油●

地球上最昂贵的天然资源——石油，也被称为"黑黄金"。当动植物死亡后慢慢腐烂变黑，再经过漫长的演化就变成黏稠的石油。阿拉伯沙漠盛产石油，我们使用的石油四分之一产自那里。由于石油是一种不可再生的原料，因而许多人担心石油用尽会给人类带来严重的后果。

最寒冷干燥的沙漠是什么沙漠？

哆哆嗦嗦

这又是哪儿呀？

什么沙漠没有沙子，只有岩石和小石块儿呀？

而且还冷得要死……

怪不得呢……

哆哆嗦嗦

这儿好像是戈壁沙漠哟，作为最寒冷的干燥沙漠而出名……

戈壁沙漠？

也是双峰骆驼的故乡啰！

这地方可是俺一辈子的戈壁故乡啊!

冷场~

切

喂!你那话也太冷了吧!就因为你大家更冷了!

哈哈

正好挺热,来点冷的也挺不错!

哈哈

唉!

那也算幽默吗?

●寸草不生的沙漠——戈壁滩●

戈壁沙漠穿过蒙古和中国,作为最寒冷的干燥沙漠而广为人知。冬天气温甚至可达零下40℃,可谓是酷寒难耐。然而到了炎热的夏天,气温又升至45℃,空气极度干燥。戈壁沙漠四周环绕着山脉,因此沙漠里几乎没有沙子,只有岩石和碎石。

干燥的沙漠

沙漠里能获取能源吗？

有肉又能怎样？

得有东西烤熟它才行啊。

伙伴们！

嗒嗒嗒嗒

那是什么？

把肉放在这上面……

真的耶！

哇,烤熟啰！

这个你是从哪儿弄来的？

这是什么呀？

滋啦

滋啦

真是香死了！多久没吃肉了呀！

那边有好多呢！充分吸收太阳能,真的好神奇哦！

听说沙漠里有太阳能发电站,好像是从那儿拿来的。

大家吃啥吃得那么香呀？

踢跶

踢跶

太棒了,干得好！

●沙漠里获取的太阳能●

太阳能是未来人类最合适、最安全、最绿色的替代能源。日射量充足的沙漠是设立太阳能发电站最合适的地方，即利用沙漠充足的日照在太阳能发电站发电。位于美国加州的莫哈维沙漠（Mojave Desert）在2010年建成了世界最大的太阳能发电站。

火星环境跟沙漠环境差不多吗?

是宇航员耶!

?

叔叔,您来这里干吗?

听说沙漠环境跟火星环境很相似,所以我来看看。

哟,是这样啊。

真是太荣幸了!还能在这儿见到宇航员……

我的梦想就是变成宇航员,哦不,变成宇宙猫!

请问您是美国人吗?

不是!

那是……

●与火星环境相似的沙漠环境●

据说沙漠的试验结果和火星的试验结果非常相似,因此沙漠是设置火星探测装置并试验其性能的最佳场所。1997年美国研制的火星探测机器人索杰那号,在与火星环境类似的美国犹他州沙漠里结束试验后登上火星,另外科学家们还在犹他州的沙漠中设置火星模拟居住空间,研究人类在火星上生活的方式。

撒哈拉沙漠以前是不是沙漠？

下大暴雨了!

快去那边的洞窟避下雨吧!

小心被冲走啊!

什么雨下这么大呀?

哎呀,这个洞窟的墙上还画着动物呢!

哦,是吗?

那是壁画,这么看来很久以前这里也不是沙漠呢。

什么意思?

我也是听人说的哦，据说就连广阔的撒哈拉沙漠以前也不是沙漠呢，看看化石和岩石上刻的图形就知道了。

撒哈拉中部的岩石山上留下了几千年前画的壁画，上面画着大象、牛和农耕的情景。

撒哈拉沙漠以前是茂密的丛林很多人不是都知道吗，这个洞窟好像也是这样呢。

哦~

伙伴们，这儿还有很特别的壁画呢。

嗯？

快来看哪！

道奇呀……

你以前来过这里吗？

哎呀……

那应该就是你的祖先啰！哇！看来很久以前你们就了解地球了。

这……这个……

雨停了！一起出发吧！

好啊，那就出发吧。

等一下！

等我给祖先们行个礼再走！

磕头

好的！

沙漠

·撒哈拉沙漠的秘密·

从撒哈拉沙漠化石和岩石上刻着的图形可以得知，很久以前撒哈拉沙漠并不是沙漠。撒哈拉沙漠具有代表性的古代遗物是公元前五千年左右，被推测为狩猎图的绘画，上面画着大象、犀牛、鳄鱼等动物，由此可知撒哈拉沙漠当时并不是沙漠，而是热带湿润气候区域。

沙漠化现象是什么意思?

看你们也挺累的,不如我载你们一程吧!

好啊!

嘎吱

你们这是去哪儿呀?

我们正在沙漠里旅行呢。

也就是探险啰。

想不到沙漠这么大!

问题是慢慢还会变得更大呢……

慢慢还会变得更大?比现在还大吗?

是啊,因为沙漠化现象,那些原本不是沙漠的土地也正在变成沙漠。

哎呀,为什么呢?

因为总不下雨啊,加上人类一直在破坏环境,另外过度饲养家畜造成植物减少,所以土地渐渐变成草木皆无的荒地。

真是太糟糕了。

问题还真是多啊。

总之人类才是问题，问题！

破坏环境的罪魁祸首就是人类！

都这样了你还想变成人类啊？

不是还有好人吗，就像这位叔叔……

说得也是……

终于到啦！下车吧，这儿是有绿洲的村庄，大家歇歇脚再走吧。

谢谢啦！

可是咱们的骆驼哪儿去啦？

在大叔的车后备箱里啊……

● 荒废的地球土地 ●

沙漠 沙漠化现象,是指原本不是沙漠的地区变成沙漠一样的荒地。由于人类过度发展畜牧业,造成植物连根消失,水源枯竭,所以地球的土地正在变得和沙漠一样荒芜。此外,由于全球温室化效应,地球表面平均温度升高,也造成沙漠化现象逐渐蔓延开来。

干燥的沙漠

怎样阻止沙漠化现象？

那个是什么呀？

不管怎样都要阻止！

阻止外星人侵略吗？

不是！是阻止沙漠化现象。

整个地球都沙漠化就完蛋了。

说得好！

你想怎么办？无论如何也不可能马上就有改变哪……

•为阻止沙漠化而做的努力•

1994年，100多个国家签署了《国际防治荒漠化公约》。埃塞俄比亚人民种植了在沙漠里也能茁壮成长的桉树和橄榄树，埃及也种植了生长期短且能抵抗干旱的树木，此外，撒哈拉萨赫勒地区也在积极研究将沙漠变成绿地（即草木茂盛之地）的办法。

2

层层叠叠
的丛林

丛林是什么地方？

好吧，在到达之前我来简单讲解一下热带雨林是什么地方吧。

什么？热带雨林？不是说去丛林吗？

哎哟，丛林也叫热带雨林啦！

疼死了！人家从南极来不知道也很正常嘛，凭什么打人?!

好啦，丛林嘛……

生活着不计其数的动植物，主要以赤道为中心分布。

地球上约一半的动植物都生活在丛林里，确实很惊人吧?

而且树木郁郁葱葱……

哼！谁想听什么讲解啊!

我又不想变成人类，干吗要去什么丛林?!难道在沙漠里遭的罪还不够吗?

猛然

喵喵呀……

放开我！要是你再不掉头，我就从宇宙飞船跳下去!

你就忍忍吧!

喂！我说，我还没讲解完呢……

层层叠叠的丛林

还好，还有企鹅在……

咦？

喵喵小姐，俺也要一起走！

干吗呢，你？

呜呜，怎么连你也……

突然停住

走开！

不嘛！

伙伴们，宇宙飞船停住了！咱们终于到啦！

这么快就到了？

喵喵呀，我保证你看一眼就知道丛林有多棒了！

准备好！看哪！

忽然

天哪！这……
这是什么？

妈呀！

咔嚓 咔嚓

喀嚓

哼,说得好啊！
确实是个"很
棒"的地方！

这个好好
玩哟……

砰

喂,快传
给我呀！

丛林

●郁郁葱葱的丛林●

丛林一词，原本是指东南亚的密林，但现在基本与热带雨林同义，主要以赤道为中心分布，因此也称"赤道雨林"。虽然丛林只占地球面积6%，然而地球上大约一半的动物都生活在那里。世界最大的丛林是亚马孙河流域称为"selva"的热带雨林。

丛林的气候是什么样的？

究竟怎么回事吗？好不容易逃离了鳄鱼群，又接着淋了好几天雨！

伙伴们，暂时先在这大树下避避雨吧。

哇,好高好高的树啊!

这是大树还是摩天大楼呀?

对了,丛林本来就下这么多雨吗?

我也纳闷呢,又不是梅雨季节。

因为这是热带雨林呀,雨林,顾名思义不就是下雨的丛林吗?

哎呀!是海獭耶!

丛林不分冬夏气候始终如一,终年炎热潮湿。

每年下大量的雨,气温又没什么变化,所以丛林里的植物都长得很快。

哟,所以树才长得这么高啊!

哎哟,妈呀! 这是什么味儿呀?

难道你就只能出这招?

为了阻止这家伙咬大树,我稍稍出了一点儿力,嘿嘿!

干吗呢,你?

这小子……

可不能让雨水给冲走呀。

丛林

●下瓢泼大雨的丛林●

丛林终年炎热潮湿,几乎每天都会下雨,季节变换并不明显。丛林年平均气温约 25℃左右,年降雨量为 2000~3000 毫米,远超韩国年平均降雨量 1000 毫米这个数值。据说一年之中有 200 多天都会闪电打雷下雨呢。

树木高矮决定丛林样貌吗？

这里是松伊饭店！

我点两份炸酱面，两份杂拌面。

知道了，请问要送到哪儿？

这里是亚马孙丛林突出木层1802号。

拜托快点儿送到吧！

啪嗒

喂？喂喂？

嘿嘿，肯定不会来吧？

不是不会来，而是来不了！

炸酱面？杂拌面？

我啊，真的好想吃炸酱面哟……

那个就那么好吃吗？

我也是！

请问哪位叫了炸酱面?

啪!

气喘吁吁

松伊饭店

闪电

妈呀!真的送到了耶!

这里是丛林突出木层……

抱歉无法送到!

松伊饭店

我是想说请取回餐具!

哦,天哪!

丛林

·层峦叠嶂景色迥异的丛林·

根据丛林树木高矮,丛林顶层也称"突出木层",中间层分"冠层"和"下层植被带层",丛林底层称"地面层"。突出木层风力强劲,经常是暴雨不等落下便随风而逝,冠层具有最适合动物生长的良好环境,下层植被带层因为被冠层遮挡光线昏暗,而地面层几乎终日不见光照。

层次分明的丛林结构

丛林

根据树木高矮,丛林从垂直方向上大体可分为四层,下面就让我们从丛林的顶层开始直到底层,仔细了解一下丛林的层次构造吧!

丛林顶层	是指丛林里最挺拔的树木高高耸出的层,树高可达 60 米左右,主要生活着自由翱翔的鸟类。
丛林冠层	是指树高均匀,树叶最为茂盛的层,该层光照适当,最适合动物生长。
丛林下层	整齐地生长着一些叶子茂密的低矮灌木。因为像地面层一样空气闷热,所以常常可见动物们栖息在枝桠上。
丛林地面层	因为满地的落叶而无比松软的地面层,是各种昆虫栖息的绝佳场所,比如白蚁等各类昆虫就生活在这里。因为几乎没有光照,所以也适合菌类生长。

好多动物都生活在这里哦。

丛林里的树木为何高大挺拔?

丁丁呀,你在这儿干吗呢?

哦……我想好好晒晒太阳所以就爬上来啰。

那是为什么呢?

起初我还纳闷这儿的树木怎么都这么高大挺拔呢,原来是为了充分接受光照啊。我也多晒太阳,那我也能长成高个儿。

会吗?

那样就能长高吗?

慢慢看不就知道啦!

哎哟,妈呀!怎么回事?为什么只有你长高了?

噌噌

没有啊,我只是按了下按钮啊!

丁丁呀!

怎么你是植物吗?

哎哟!

晒了一整天太阳,个子也没长高!

丛林

·竞相生长的大树·

丛林里植物生长所需的水分和光照非常充足,因此植物生长也极为迅速。尤其是丛林顶层的树木,为了吸收更多光照,就像比赛一样,你争我夺地"比赛长个儿"。顶层的大树甚至可高达 60~70 米,但与其高度相反的是树干又细又长。

食虫植物怎样吃虫子？

瞧这个！植物里面居然有昆虫耶！

难道这就是传说中的食虫植物？长得好恶心哦……

那也是"百闻不如一见"呀，真的很神奇呢。

我还是照张相纪念一下吧。

里面也照一下……

喂！

你们这帮家伙！

人家现在挣扎在生死边缘，你们却只在一旁看热闹！你们到底长没长心哪……

你们就没血没泪吗？

那就救救它吧……

搞什么乱啊？俺都饿了整整一个星期了！难道俺就该活活饿死吗？

谢谢啦！♪

怎么办才好呢？

●荒废的地球土地●

食虫植物通过捕食昆虫和小动物获取营养，大体可分为三种捕食方式：第一，像捕蝇草那样迅速关闭叶片的捕食方式；第二，叶片变形为囊状后吸入猎物的捕食方式；第三，像捕虫董那样周身分泌黏稠液滴黏住猎物的捕食方式。

为什么蘑菇没有日照也能生长？

那什么……没啥吃的了吗?好饿呀……

一大堆

打嗝儿

你怎么吃那么多还饿啊?

丛林跟沙漠不一样，很容易找到食物，咱们先找找看吧！

好啊！

这个好像能吃哦！

尝尝吧，看起来好好吃的样子……

是蘑菇耶……长得很特别吧！

不能吃啊!

是蘑菇没错……

但也可能是毒蘑菇!

毒蘑菇?

一般植物都得接受光照才能生长……

可是蘑菇之类的菌类即使不见光也能长得很好。

你是谁啊?

我是……

我叫泰山……

连绳子都玩不好，还好意思叫泰山！

怎么又失败啦……呜呜……

长得倒挺好……

妈妈又该失望了，怎么办呀？

那这是毒蘑菇吗？

这个吗……那就尝尝呗！

吧唧

吧唧

喂

咳！

扑通

你没事儿吧？

怎么啥样的泰山都有啊！不会是傻子吧？

感觉怎么样？

好……好像没事儿了。

泰山！泰山！你在哪里？

妈妈！

妈妈！

妈妈！

怎么都觉得那小子不正常。

妈妈，我又从绳上掉下来了，呜呜……

没事儿，没事儿，慢慢学就会了哦。

咦？妈妈？

噢妈呀！

来，吃奶啰……

小家伙……慢点吃呀。

哇哇

丛林

•不能进行光合作用的蘑菇•

菌类是指不能进行光合作用的蘑菇、霉等植物的统称，适合生长在潮湿阴暗的凉爽之地。菌类因为不能进行光合作用独自制造养分，因此需要附着在其他生物体或有机物里，过寄生生活或腐生生活（是指从动植物尸体或排泄物中获取养分），丛林的地面生活着很多霉类、蘑菇类等菌类。

丛林的地面为何发暗？

你还真会爬树啊，怎么又爬上来啦？

哦，下面又暗又闷……

这儿这么亮堂，底下却那么阴暗……

因为阳光透不过去嘛，都被上面给挡住了。

所以下面肯定会暗啦。

猛地坐起

嗯？

那就只能这么办啰。

你在干吗?

把上面的都给剪掉,下面不就能透光了吗!

搞什么啊?!

我们也有私生活!

对不起!

•隔绝阳光的丛林地面•

丛林地面几乎没有光照,因为层层叠叠的树叶就像屋顶一样遮挡住丛林,所以阳光很难穿透直达地面,正因如此,丛林地面空气潮湿闷热,几乎不刮风,气温恒定。撒落一地的落叶因为霉菌作用而腐烂,给泥土和植物的根部提供养分。

层层叠叠的丛林

世界上最大的花是什么花?

生日快乐哦!

喏,这是生日礼物!

谢谢大家啦!想不到在丛林里还能过生日……我会永远记住的!

可是在这么特别的日子里,企鹅跑哪儿去啦?

是啊……

喵喵小姐你先过来一下!

干吗?

好啦,这是企鹅的礼物!猜猜是什么呢?

什么呀?!

喵喵小姐,祝你生日快乐!这可是世界上最大的花哦!

你居然拿这个当礼物?

送花也要看送什么花嘛,啊,好难闻的腐臭味啊!

臭气熏天

哇哇啊

丛林

●世界上最大的花——大王花●

大王花寄生在其他植物的根或茎的下部,号称世界第一大花,花直径甚至可达一米,要历经一个多月才能开花,花期却只有37天。大王花会散发腐臭气味,吸引苍蝇等逐臭昆虫来为它传粉,主要生活在苏门答腊岛、爪哇岛和菲律宾等热带及亚热带地区。

香肠树长什么样?

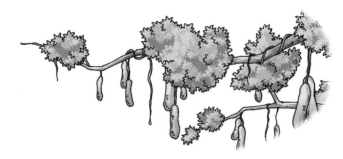

哎呀!是蝙蝠耶!

扑棱扑棱

妈呀,吓死我了!

你还吓死我了呢!

那家伙不在洞里好好待着,跑这儿来干吗呀?

大概是香肠树开花了,过来吃花蜜和花粉吧。

香肠树?还有那种树?你怎么不早说啊?

香肠!香肠!

喂!你去哪儿呀!

●酷似香肠的果实●

原产于非洲的香肠树因果实酷似香肠而得名，树高 6~12 米,果实长 30~60 厘米,悬垂在绳索状长柄下。香肠树的果实虽然样子像香肠，味道却和香肠差很远,略有毒,所以不适合人吃。但如果将果实晒干研磨成粉末，则具有治疗关节炎及蛇咬之功效。

地球上最重的昆虫是什么？

哇噻，这还是昆虫吗？好大的个头啊。
那是大角金龟啊，是地球上最重的虫子。
真的？
而且它还很有劲儿呢，一旦钩住什么就会死死钩住不放。
哈哈
别过来！
没事儿的，你摸下试试！
那有什么好怕的！
喂，你们这帮家伙！
啪
呃啊

快帮我弄下来吧！喵喵小姐！

走开！吓死人了,吓死人了!

看样子不会轻易下去的,怎么办哪?

这虫子好像很喜欢你,怎么都掰不下来啊!

天哪！钩得好紧!

丛林

·超重量级的大角金龟·

地球上最重的昆虫是大角金龟,分布于非洲的热带雨林,体重可达 100 克,体长约 15 厘米,翼展约 10 厘米。大角金龟有 6 只脚,每只脚都有 2 个钩爪,可利用钩爪爬树,据说一旦钩住什么地方就会死死钩住不放。

层层叠叠的丛林

有树枝上还长着其他植物的树吗？

丁丁那家伙又去哪儿啦?

可能又去树顶了吧!好像根本不想下来呢。

大家好啊!

你们好!

哎呀!泰山怎么就跟猎豹似的神出鬼没的。

我找到水啦,喵喵小姐口渴了吧?喏,喝点水吧!

这是泰山找到的吧?

你是从哪儿弄到的水呀?难道你发现了山泉?

不是!是从树上……

听说像这样的附生植物太沉的话，树木就会承受不住而被压倒。

被压倒了！

真的有好多水珠儿哦……

还有螃蟹和青蛙呢。

好像越了解丛林，就越觉得丛林好神奇呢！

哈哈哈哈

企鹅你真是太了不起了……

哈哈

哎哟

什么那么有意思啊？

丁丁！

●附着在其他植物上的附生植物●

附生植物的根部不扎根在土壤里，而是附着在其他植物的表面或外露的岩石上。附生植物多生长在高温湿润地带，类似凤梨那样的巨型附生植物，大多附着在高大挺拔、更容易接受光照的大树上，是蜗牛、蜘蛛、螃蟹、青蛙等小生物绝佳的栖息之地。

有长着毒叶子的植物吗?

噢,要说采集毒液还是得来亚马孙丛林啊!

啊哈哈哈哈

要是把植物的毒汁涂在苹果上,再给白雪公主吃的话……

王后!

哎哟大

谁啊?

那什么,王后,您眼睛下面……

眼睛下面?

哎哟,妈呀是虫子啊!

嗖

哎呀，王后！您怎么能用摸过西番莲的手揉眼睛呀！

我也不知怎么就……

天哪

红

肿

魔镜魔镜，这世界上最美丽的女人……

你是谁啊？

丛林

•有毒植物•

藤本植物西番莲具有一定毒性，因为毒蝴蝶幼虫吃它的毒叶，所以幼虫在蜕变成蝴蝶前也具有毒性。美洲花叶万年青的叶子也具有毒性，据说不小心吃了这种叶子的话，舌头嘴巴就会红肿，吞咽说话也变得比较困难，此外夹竹桃的茎叶以及根部全都有毒，因而得名"死亡之树"。

世界上最大的鹰是什么鹰？

哇,真的好大啊!

那是菲律宾鹰嘛,所以那个块头不算什么啦……

那么大还不算什么？还有比那还大的老鹰啰？

当然了!具有扇形冠羽的菲律宾鹰,翼展可达两米多呢!是世界上最大的老鹰!

哇,真的好大好大呀!

真想见识一下啊!

看来你运气不错哟,喏,就在你身后……

真的出现了!

你说什么?在哪里?

丁丁!快逃命啊!

老鹰在哪儿吗?哎哟!什么呀这是……

该死!着陆又失败了……

丛林

•老鹰之王——菲律宾鹰•

菲律宾热带雨林的大树上生活着一种巨鹰名叫菲律宾鹰,当它展开翅膀,翼展可达两米。无论雌雄,最明显的特征是头部后面都长有许多柳叶状冠羽(头上像帽子一样的羽毛),如果有危急情况发生或集中精神鸣叫时,冠羽就会高耸成扇子状,菲律宾鹰喜吃猴类。

世界上最大的蝴蝶是什么蝴蝶？

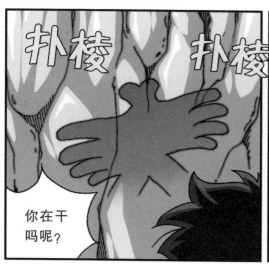

扑棱 扑棱

你在干吗呢？

在玩影子游戏呀！很好玩哦，你要不要来玩？

就跟那大小一样呢。

什么？

我是说今天白天见到的蝴蝶就跟那大小一样呢。

那么大的蝴蝶我还是头一次见到呢！

你小子天天待在丛林里，说谎的本事真是见长啊！

是真的！

我也看见了哟！那蝴蝶真的有手掌那么大呢！

猛喊

喂！

哎呀，吓死我了！怎么啦？

以后再说那么不靠谱的话，就先把证据拿来再说！那样我才能相信！

丁丁，怎么回事呀？

怎么这么吵啊？

被菲律宾鹰扑到后就有点反常了。

你们真的看见了？

没错！不信明天你问泰山！

不信别人光长眼睛有什么用！明明就在眼前都看不见！

我在这里呢！

到底在哪儿呀？

都这样了还看不见呀？

蝴蝶都聚到一起了……

那蝴蝶的确是珍稀品种吗？

丛林

• 巨型珠光凤蝶 •

雌性珠光凤蝶是世界上最大的蝴蝶，翅膀张开时，翼展可达 25 厘米。属珍稀蝶种的珠光凤蝶体内有毒，因此动物一旦吃了这种蝴蝶就会非常难受。最小的蝴蝶是生长在印度地区的小灰蝶，翅展只有 16 毫米而已。

丛林里最凶猛的鱼是什么鱼？

那是什么呀？

是亚马孙丛林里的印第安人使用的剪刀。

剪刀？

咯嚓

咔

是用食人鱼的牙齿制作的。

咔嚓

食人鱼？

食人鱼主要生活在南美洲亚马孙河以及巴拉那河等水域，

长着锋利的三角形牙齿。

是非常凶猛的肉食性鱼。

是吗？
不过再怎么凶猛也不至于攻击人类吧？

·食人鱼PIRANHA·

食人鱼(Piranha)一词,土著语的意思是"长着牙齿的鱼"。食人鱼的下颚长着非常发达且锋利的三角形牙齿,属肉食性鱼,常常成群结队攻击过河的牛羊等较大动物,吃光它们的肉只剩下骨头和皮;也有的被养在水族箱里供观赏。

如果鳄鱼和水蟒打架哪个会赢呢？

如果鳄鱼和水蟒打架哪个会赢呢？

当然是鳄鱼会赢啦！

瞎扯什么呀！当然是水蟒会赢啰！难道不是？

水蟒是什么呀？

跟蟒蛇并称为世界上最大的蛇，据说最长能长到10米呢。

啊？还有那么大的蛇啊……

到底哪个会赢？！

这个嘛，让俺好好想想……

伙伴们别吵啦，快瞧那边！

嗯？

•恐怖的水蟒•

水蟒是世界上最大的蛇,无毒,身长约 6~10 米,肌肉异常发达,通过身体缠绕住猎物使其窒息而死。水蟒每天大部分时间会在水里度过,有时也藏在浅滩或树枝上,趁甲鱼、鹿、小凯门鳄(caymans,南美鳄鱼)等猎物不注意时伺机出击。

有没有粉红色的海豚呢?

不可能!

世界上怎么可能有粉红色的海豚呢?

可是刚才我明明在河边看见了呀!

要说有鳄鱼啊、食人鱼啊,我还相信,有粉红色海豚?怎么可能?

地球一半多动植物都生活在丛林里,怎么你不知道吗?

话虽如此,可是……

去看看不就知道啰!跟我来!爱嘟囔的家伙!

嗖

你说什么?

可是水这么浑浊，你们怎么找吃的呀？

我们发出声音接触物体声音再反弹回来，通过这种方式判断物体的位置、大小以及距离。

这叫"方向定位"，海豚和蝙蝠都用这种方法捕食，同类之间也能进行相互沟通。

咔嗒

哇，太聪明了！

你说什么？

比你聪明！

等一下！水里好像有什么在动呢！

是吗？那还不赶快给逮住？

丛林

●亚马孙江豚●

亚马孙江豚又称**亚河豚**,是亚河豚科里最大的海豚。体长 1.8~2.5 米,体重约 90~150 千克,体色有蓝灰色或者周身灰色,只有肚皮部位是粉红色的,但也有周身全是粉红色的,特征是没有背鳍,上下颚都有短刚毛。

层层叠叠的丛林

丛林里哪些动物濒临灭绝？

●濒临灭绝的动物●

丛林树木因为被滥砍滥伐导致众多植物死亡，从小昆虫到大动物无不受到影响，如今已难觅其踪。其中，金狮狨已濒临灭绝边缘，生活在南美洲丛林里的髭长尾猴也只剩下几百只。此外，苏门答腊犀牛、马来貘等也濒临灭绝。

有能在水面上跳跃的动物吗？

反正我也不沉，坐树叶船就能过河啦！

你不是很擅长游泳吗？

可是我害怕食人鱼啊……

说的也是

你打算怎么过去？来之前什么都没准备吧。

我呀？我就那样跳过去呗！

那样真的没事儿吗？你会游泳吧？千万别太勉强哦！

你怎么过河？

我穿用木头做的鞋船过河呀！那些吃的肯定归我啦！

咔嚓

咔嚓

我最讨厌沾水了，还是架座桥过去最好了！

怎么还不开始？不是说要跳过去吗？小心千万别掉进水里噢！

哈哈哈

·在水面上跳跃的鬣蜥·

在热带雨林的大树上生活的鬣蜥,尾巴长度超过体长一半,后脚比前脚更长更有力。鬣蜥利用水的表面张力在水面上跳跃,时速可达 10 千米,据说鬣蜥一出生就可以跑跳游泳甚至还能爬树。鬣蜥是胆小温驯的动物,在吃饱喝足后,它们会找个阳光充沛的地方晒太阳,借助太阳的温暖消化食物。

层层叠叠的丛林

有没有可以发电的鱼？

在一座村庄边的河里，生活着一条孤独的鳗鱼，忽然有一天那地方来了几个新朋友……

听说没有哦……

哇，这儿好像真的没有食人鱼耶。

水也很干净……

可是怎么这么静啊，连一条鱼都看不见！

就是……

太好了，太好了！

直到那一刻大伙才明白电鳗小羞为什么没有朋友了。

丛林

•释放麻酥酥的电流——电鳗•

电鳗体长 2 米左右，周身布满释放电流的器官，可以释放出 600 伏高压电。如果人不小心接触电鳗身体，就会受到强电流冲击而导致触电死亡。电鳗主要分布在南美洲亚马孙河以及奥利诺科河（Orinoco Rio）等流域。

层层叠叠的丛林

犀鸟
嘴占身长三分之二。

攀缘植物

树獭
世界上行动最迟缓
的动物。

貘
主要在夜间活动。

穿山甲
周身长满鳞甲,主要
食物为蚂蚁。

行军蚁
就像进行大规模攻击
一样寻找猎物。

为什么亚马孙印第安人正在渐渐消失?

听说亚马孙印第安人正在渐渐消失。

没错!那都是因为……

嗖

嗖嗖

咦?

丛林遭到破坏的缘故……

你怎么那表情啊?

心惊

胆寒

我……我好像看见鬼了!

什么?在哪里?

嗖

喂!快逃啊!

咒

啊啊

的确是鬼,没错吧?

是比鬼还可怕的……

比鬼还可怕?那是什么啊?

这帮家伙肯定是来破坏丛林的！全都给我拿下！

什么？

是食人族啊！

呜呜，我又不是人，就不能放了我吗？

你当零食！他当主食！

完了！

•正在消失的亚马孙印第安人•

丛林

亚马孙河流域的印第安人因为某种不明原因的疾病死亡无数，此外，丛林被任意破坏也是印第安人渐渐消失的原因。如今，为数不多的印第安人虽然生活在丛林附近的大城市里，却无法适应城市生活。他们穿很少的衣服以适应高温潮湿的天气，喜欢全身上下戴满华丽的饰物。

丛林里有玛雅文化吗?

我听说是在 1848 年被采集橡胶的人发现……不过听说还有好大一部分埋在丛林里呢。

这座神殿好像就是哟……

什么？真的吗？

扑哧

大家都那样以为，可事实上却是……

你干吗从刚才开始就偷着乐？

什么意思啊，你？

进去看看不就知道啰。

可以进去吗？

当然……快跟上来。

•丛林文明遗址•

位于中美洲危地马拉北部的蒂卡尔国家公园是古代玛雅文明的中心,中心城市占地约16平方公里,位于热带丛林里的玛雅文明遗迹,其中最大的杰作是五个巨大的金字塔神殿,此外还有数千个小金字塔、宫殿、竞技场等石造建筑物,1979年被指定为世界文化遗产。

丛林里有许多药材吗?

哎哟

吓一大跳

自从你们这帮家伙来了以后,俺就没过过一天消停日子!

还是趁早给我搬走吧……

丁丁,你怎么啦?

哎呀,我的肚子哟!

肚子疼死了!

怎么个疼法啊?

哎哟

哎哟

要是能回家就好了……

伙伴们，咱还是回家吧！

什么？

道奇……

这所有一切都是因为我才发生的，不是吗？要是我放弃变成人类的想法……

还是先找药，然后再说这些怎么样？

药？丛林里还有那种东西？

扑棱棱

当然有啰！桉树油是咳嗽药的原料，粉红夹竹桃是儿童白血病以及霍奇金淋巴瘤治疗剂的原料。

繁缕

还有繁缕是胃肠药的原料，丛林里的草药真是应有尽有啊！

粉红夹竹桃

总而言之呢，人类所吃的药材有很多来自于丛林，怎么样，很惊人吧？

讲解就到此为止吧！拜托先帮忙找点治疗肚子痛的药好不好？

在这个节骨眼儿上还卖弄什么呀？！

快点儿！

知道了！

丁丁呀，再忍一下哦！

丁丁，我们找到草药了！

咦？怎么回事？不疼啦？

嗯。

·孕育天然治疗剂的丛林·

丛林里生活的人们，如果感觉身体哪个部位不舒服，就到丛林里寻找草药进行治疗，据说当地土著语称为"采利"的植物果实利尿效果非常突出；把可可树的叶子抹到头顶，头痛就会神奇地消失；此外粉红夹竹桃的叶子也是儿童白血病治疗剂的原料。

丛林里能获取哪些资源？

什么？泰山得了相思病？

因为太想念珍妮了！

……

就是说病得不轻啰？

相思病是心理疾病，得见到珍妮才能好起来。

珍妮是谁？

听说是泰山的女朋友……

珍妮？好像从哪儿听过这个名字……

看看能做点儿什么帮帮泰山吧。

吃好吃的东西是不是就会高兴起来啊？

好吃的东西？

那就找找看吧！

那是什么？

我的礼物是用可可树果实制作的巧克力。

我的是口香糖和花生！

这些全都是从丛林里找到的吗？

嗯，除了这些还有好多呢。

比如橙子、菠萝、葡萄柚、胡椒、桂皮、花生等等……

另外还能获取香水、石油、天然橡胶呢。

哇,丛林里的宝贝真是应有尽有啊！

·丛林宝库·

人类所吃所用的物品中有相当一部分取自于丛林，比如橙子、葡萄柚、菠萝等水果，以及胡椒、桂皮等调料，此外还可以从甘蔗中提取蔗糖，从可可树果实里提取巧克力原料，从日本紫藤中提炼芳香油，从油楠树分泌的液体里提炼石油，从糖胶树的胶乳中提取口香糖原料等。

橡胶的原料是什么?

啪

咦? 这是什么呀?

是弹弓!

怎么做的?

这条橡皮筋从哪儿弄的?

用橡胶树流出的胶乳做的!

要不你也玩玩?

嗯!

怎么玩啊?

啪嗦

再往后拽点儿……

竟敢打老子的主意?!

不是啊,是没有瞄准才……

啄、啄

对不起啊……

口香糖原料来自于丛林吗?

口香糖!卖口香糖嘞!

卖口香糖!

?

泰山,好久不见了。

你在这儿干吗?

我靠卖口香糖生活……

当初我就那样不辞而别,真的很对不起你。

我都不知道你有难处,对不起啊,珍妮!

不是的!

至少多拿点这个给珍妮啊。

可怜的珍妮,这段时间吃了多少苦啊……

珍妮的家 100m

可是口香糖是怎么做出来的啊?

是用一种名叫糖胶树的胶乳做的。

是这样啊。

珍妮卖口香糖发了家只有你不知道吧?

噢,天哪!

难道你希望她像你一样一辈子住在窝棚里?!

从此之后,泰山一见到口香糖立马就警觉起来……

所以还是忘了她吧,嗯?

丛林

•制作口香糖的人心果树•

湿热地区生长的人心果树也称"口香糖树",割开树干就会流出称为"奇可胶"(chicle)的乳汁状树胶,该树胶可用于提取口香糖原料。人心果树的果实貌似蛋形,散发香气,可以每天食用,也可用于制作罐头。其中富含葡萄糖和多种维生素,对心脏病和肺病有很好的疗效。

丛林对人类究竟有多重要?

在丛林的某个村庄里，住着一位砍柴的小伙子……

砍倒咯!

哈哈!又砍倒一棵!

小伙子力大无穷，丛林里的树木被砍得没剩下几棵。

部落会议

大事不妙啊!这事儿可不一般哪。

那小子每天都在砍树!

在这样下去丛林就被破坏掉了!

没什么办法啰，除非把他的注意力转向我……

反正各位就放心吧！

等砍柴的小伙子喜欢上我之后，

要么让他换个活儿，

要么让他搬到别的村子，总之就这样啦。

砍柴的小伙子呀，那女孩说想嫁给你耶！

翻翻 起舞

真的吗？

但是你绝不能再砍树啰！

没问题！只要她同意跟俺结婚……

猛地抱住

什么嘛！您从来没说过他长得这么丑啊！

嗒嗒嗒嗒嗒

哎呀，这都是为了丛林吗？

不能这样啊！

您瞧！孩子们都像爸爸长得没一个好样儿！

咳咳……真是对不住啦！

丛林

•丛林的重要性•

丛林吸收二氧化碳，释放出大量氧气，同时提供各种资源作为未来粮食和医药品储备。如果丛林消失，寒带就会变成热带，干地就会变成湿地，从而导致气温变化异常。我们人类应该更深刻地了解丛林的重要性并尽一己之力保护好丛林。

丛林正在消失吗？

嗯，是啊。

大叔，您又来送外卖了吗？

不过没送到，这就要走了。

哎呀，为什么呀？

因为丛林比以前破坏了太多，都找不到地址了。

哎呀！好多树都被砍了！

怎么这样啊？

太不像话了！

啥时候变成这样了？

为了得到树木、粮食和矿物质，人们任意破坏丛林。

听说占地球面积6%的丛林，如今的面积呀只有100年前的一半!

什么?

泰山! 那咱们不能干待着呀!

没错!

我呀，早就有想法了!

我可不是吃闲饭的哟!

层层叠叠的丛林

对了，刚才开始你就一直在忙活，干吗呢？

才不是刚才开始呢，最近他就比较奇怪。

我不是正在为实现梦想作准备啊……

咦？这不是缝纫机吗？

梦想？

知道我的梦想是什么吗？

冷不丁儿提什么梦想嘛。

时尚设计师就是我的梦想！

哼！你以为谁都能当设计师啊……

我还要开时装发布会呢！然后在现场给来宾们讲解丛林的重要性！

到时候一起举办个活动啰！

怎么样？这想法够绝吧？

不愧是泰山style的想法啊……

所以呢，我还需要一些模特！

模特？

你的梦想……竟然是内衣设计师？

太完美了！

唉，丢死人了！

哎哟

噢！Wonderful！Fantastic！……太优雅！太漂亮！太完美了！

穿成这样怎么出门啊？

想让大家意识到丛林重要性的家伙，怎么可以用皮草做内裤？

啊！说得对啊……

嗯哼！

这个怎么没想到呢！

丛林

•被破坏的丛林•

人类需要木材就滥砍滥伐，为扩大耕地就燃烧树林，为开发牧场就破坏丛林。如果丛林遭到严重破坏，生活在那里的成千上万的动植物就会消失，地球生态界就会陷入危机，土著人也将流离失所。照这样发展下去，过不了多少年，丛林就会变得跟沙漠一样寸草不生、荒无人烟了。

人类该怎样保护丛林？

看到丛林遭到破坏的样子，心里可真不是滋味儿啊。

接下来该怎么办呢？

接下来回家呗！

哎哟！干吗打我？我又说错什么啦？

啪

叽

臭小子

不是那个意思，我是问我们该为丛林做点什么？

那就用嘴说好了，干吗非得动手？

首先,因为我们已经对丛林有所了解,所以应该先把事实讲给更多的人听!

那样做才能让更多的人明白丛林的重要性,并尽一己之力保护好丛林!

没错!

如果全世界人民齐心协力,一定会守护好我们珍贵的丛林!

你这小子真是成熟了不少啊!

所以您会把我变成人类吧?

僵

……

硬

丛林

● 一起来保护丛林吧! ●

丛林是我们传给子孙后代的宝贵资源,我们一定要好好保护丛林,使动植物有栖息之所,让土著人安居乐业,不要为追求利益滥砍滥伐,肆意狩猎。尤其应注意的是,植被茂盛的丛林一旦着火,就会引发大规模森林火灾,因此在丛林里务必注意防火。

丛林里的水循环

水是把丛林缔造成动植物生存宝地的最大功臣！

水在高温条件下汽化成水蒸气(白天),遇冷后液化成水落下变成雨(夜晚),使动植物能充分吸收水分和氧气。

水蒸气形成云。

下雨。

水分蒸发,
变成水蒸气。

根部吸收水。

世界上的沙漠与丛林

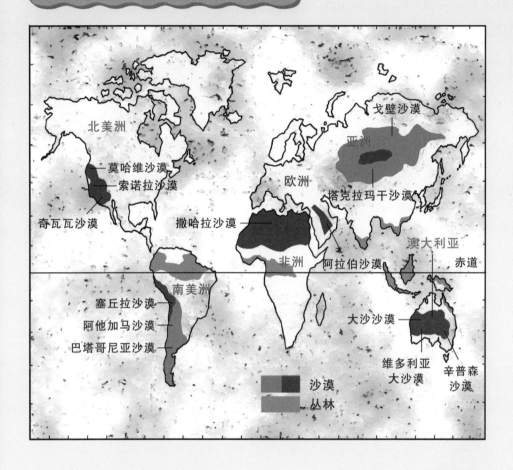

北美洲

戈壁沙漠

亚洲

莫哈维沙漠

索诺拉沙漠

欧洲

塔克拉玛干沙漠

奇瓦瓦沙漠

撒哈拉沙漠

非洲

阿拉伯沙漠

澳大利亚

赤道

南美洲

塞丘拉沙漠

阿他加马沙漠

巴塔哥尼亚沙漠

大沙沙漠

维多利亚
大沙漠

辛普森
沙漠

沙漠

丛林